Europas Wirtschaftspolitik in Krisenzeiten zwischen Austerität und öffentlichen Investitionen. Die Wirkung der Maßnahmen

Moritz Ebenführer

Bibliografische Information der Deutschen Nationalbibliothek:

Die Deutsche Nationalbibliothek verzeichnet diese Publikation in der Deutschen Nationalbibliografie; detaillierte bibliografische Daten sind im Internet über http://dnb.d-nb.de abrufbar.

ISBN: 9783346312952
Dieses Buch ist auch als E-Book erhältlich.

BACHELORARBEIT

Europas Wirtschaftspolitik in Krisenzeiten – Im Spannungsfeld von Austerität und öffentlichen Investitionen.

Inhalt

Einleitung:

In der Einleitung soll das Erkenntnisinteresse der Arbeit dargelegt werden. Der Titel der Arbeit soll nachvollziehbar erklärt werden. Die Forschungsfragen sollen vorgestellt werden. Es soll ein Überblick über die Kapitelstruktur der Arbeit und die Methoden gegeben werden.

Die Insolvenz der US-amerikanischen Bank *Lehman-Brothers* im Jahr 2008 führte zu einer globalen Finanz- und Wirtschaftskrise. Die weltweit schwierigen konjunkturellen Verhältnisse führten dazu, dass die Refinanzierungkosten einiger europäischer Länder am Finanzmarkt drastisch anstiegen. Dadurch bestand die Gefahr von Staatsbankrotten und gefährlichen Kettenreaktionen. In der EU führte die Bekämpfung der Krise zu Wirtschafts- und Geldpolitischen Maßnahmen von erheblicher Tragweite und zu einer breiten politischen und wirtschaftsideologischen Debatte.

In dieser Debatte, im Titel der Arbeit als Spannungsfeld bezeichnet, stehen sich Modelle der (neo-)liberalen und keynesianischen Wirtschaftspolitik diametral gegenüber. Eine liberale Wirtschaftspolitik steht Marktregulierung und staatlichen Eingriffen kritisch gegenüber und befürwortet hartes Sparen (Austerität) als vorrangigen Ausweg aus der Krise. Keynesianische Wirtschaftspolitik setzt wiederum auf die Notwendigkeit staatlicher Steuerung. Sie befürwortet staatliche Konjunkturprogramme zur Steigerung der Nachfrage, auch zum Preis der Aufnahme neuer Schulden.

Blyth (2014) macht die europäische Austeritspolitik in Folge der Krise für fehlendes Wachstum und steigende Arbeitslosigkeit verantwortlich. Die wirtschaftspolitische Reaktion auf die Krise geschehe im Dienste konservativer Politik und einseitiger Interessen (ebd.). Während dem Fortschreiten der Krise sei es den Konservativen gelungen, Staatsausgaben und Staatsverschuldung als Hauptproblem für die Erholung der Wirtschaft zu markieren (ebd.). Die in der Krise mitunter durch staatliche Konjunkturpakete und Bankenrettungen angestiegenen Staatsschulden der Eurozone sollen nun durch eine von der EU verordnete, strikte Sparpolitik verringert werden. Diese Doktrin verschärfe jedoch die Krise und führe vor allem in den am stärksten von der Krise betroffenen, südeuropäischen Ländern zu einer Gefährdung des Wohlstandes und der Demokratie (ebd.).

Ziel dieser Arbeit ist es, die Maßnahmen, die auf EU- Ebene zur Kompensierung der Krise getroffen wurden, auf ihre wirtschaftsideologische Fundierung zu untersuchen und ihre Auswirkung auf betroffene Länder zu prüfen.

In einem ersten Schritt sollen Ursachen und Auswirkungen der Krise angeführt werden. Dabei soll die Komplexität und Multikausalität des Themenfelds ersichtlich werden. Ziel ist es, die Krise in Europa unter Bezugnahme auf Illing und Marterbauer (Illing 2013, Marterbauer 2011) als Produkt struktureller Probleme auf wirtschaftlicher und politischer Ebene zu begreifen. Wegen des schmalen Umfangs dieser Arbeit kann hierbei keine tiefgehende Analyse vorgenommen werden, es soll mehr ein kompakter Überblick über die Erklärungsansätze geboten werden.

Im zweiten Schritt sollen die Maßnahmen der europäischen Wirtschaftspolitik, allen voran der ESM, der EU- Fiskalpakt und die geldpolitische Strategie der EZB ab 2012 vorgestellt werden. Diese Maßnahmen werden auf ihre ideologische Fundierung und ihre tatsächlichen Auswirkungen analysiert. Dazu werden die Maßnahmen im Hinblick auf ihre Ziele, Bedingungen und erwartete Auswirkungen untersucht und mit statistischen Daten zur realen wirtschaftlichen Entwicklung der betroffenen Länder verglichen. Dabei soll vor allem die Entwicklung der (Jugend)-Arbeitslosigkeit, der Löhne und Staatsschulden hervortreten.

Ziel ist es zu erfahren, ob die theoretisch erwarteten Ergebnisse einer Austeritätspolitik, durch die Maßnahmen und Bedingungen, die diese stellt, auch tatsächlich erreicht wurden. Dabei soll vor allem die Rolle der TROIKA kritisch hinterfragt werden. Auch die Geldpolitik der EZB soll mit Bezugnahme auf die unkonventionellen Maßnahmen, allen voran des *Draghi-Effekts* ab 2012, auf ihre Wirksamkeit untersucht werden.

Als Quellenmaterial werden offizielle Dokumente und Statistiken der EU, EZB, WKO und OENB sowie Positionen von Ökonomen und Journalisten (Heimberger 2014, Hubmann 2013, Schulmeister 2014, Flassbeck 2015, Bofinger 2009) angeführt.

In einem dritten Schritt sollen alternative Maßnahmen zur Wirtschaftpolitik in Krisenzeiten angeführt werden. Der Fokus liegt dabei auf einer Beendigung der Sparpolitik, einer Koordination der europäischen Wirtschaftspolitik (Hubermann 2013) und der Forderung einer Einführung von Euro Bonds, die zuletzt wegen der Corona- Krise wieder zu vernehmen war.

1. Ursachen und Auswirkungen der Krise in Europa

In diesem Kapitel soll eine Beschreibung der Ursachen und Auswirkungen der Krise erfolgen. Es soll ein Bogen von der Insolvenz der amerikanischen Bank *Lehman-Brothers*, über die Problematik der Verschuldung und Refinanzierungskosten der europäischen Staaten am Finanzmarkt, hin zu einer multikausalen Betrachtung der Krisen- und Schuldenproblematik auf einer strukturellen Ebene gespannt werden.

1.1. Unmittelbare Ursachen und Folgen der *Lehman-Brothers-* Insolvenz

Die Insolvenz der Bank *Lehman-Brothers* bietet sich gut an, um als Ausgangspunkt der globalen Finanzkrise von 2008 gesehen zu werden, weil es sich dabei um ein singuläres, gut fassbares Ereignis handelt. Natürlich drängt sich die Frage auf, wie und warum kam es zu dieser Insolvenz und warum hatte sie globale Auswirkungen?

Viele Ökonomen sehen den Ausgangspunkt der Krise auf dem amerikanischen Immobilienmarkt. Hecht/Müller (2009, S.1) beschreiben das Platzen einer Immobilienblase, die sich durch zu lockere Kreditvergabe gebildet hatte. Die riskanten Kredite (Subprime Kredite) wurden mittels neuer Finanzprodukte gebündelt und weltweit weiterverkauft (ebd.). Die Banken, die diese Kredite kauften prüften deren Inhalt schlecht und verließen sich auf die Bewertung von Ratingagenturen. Als sich die Erwartungen am amerikanischen Immobilienmarkt im Jahr 2006 verschlechterten, die Preise für Immobilien sanken und die Zinsen für Kredite stiegen, begannen die Geschäfte mit den gebündelten Krediten (collateralized debt obligations oder kurz: CDOs) in Schieflage zu geraten, da die einkommensschwachen amerikanischen Kreditnehmer nicht mehr zahlen konnten (ebd.). Die Bank *Lehman-Brothers* war stark von den ausfallenden Krediten betroffen und wurde im Gegensatz zu anderen großen US- Banken (*Bear Stearns, Fannie Mae und Freddie Mac*) nicht mit staatlichen Mitteln von der US- Regierung unterstützt (Brinkbäumer et al. 2009).

Zur Insolvenz kam es, weil die US- Regierung diese zuließ, die Bank nicht vom Staat gerettet wurde und somit Marktkräfte frei wirkten (Bofinger 2009). Damit sollten die Aktionäre sowie Kreditgeber der Bank ihr Geld verlieren. Bofinger (2009, S.30) sieht die Insolvenz der Bank als Auslöser einer Angst, die „wie ein Tsunami durch das globale Finanzsystem fegte". Ab 2008 ergriffen die Regierungen aller Industrieländer und die Notenbanken umfangreiche Maßnahmen, um eine „Kernschmelze" des globalen Finanzsystems zu verhindern (ebd.). Die Staaten übernahmen Haftungen für Banken, die sich aufgrund einer Vertrauenskrise gegenseitig kein Geld mehr liehen und Notenbanken kamen dem Banksystem großzügig entgegen (ebd. ff.). Es konnte ein Bank-Run verhindert werden, doch es stellte sich ein weltweiter Konjunktureinbruch in Verbindungen mit rasant ansteigender Staatsverschuldung ein.

Der Ausbruch der Krise verdeutlicht die Bedeutung des Faktors Vertrauen für das Funktionieren des weltweiten Finanzsystems. Herrscht Angst im System hat das negative Auswirkungen auf den

Geldfluss, die Kreditvergabe und Zinsentwicklung. Im folgenden Kapitel soll eine genauere Betrachtung der Staatsschulden- Thematik vorgenommen und daraus eine differenzierte Problemstellung entworfen werden.

1.2. Das Problem mit den Staatsschulden

Flassbeck (2012, S.18-21) kritisiert, dass von den EU- Behörden sowie den meisten Medien, die Schuld an der Krise in der hohen Staatsverschuldung der Peripherieländer gesehen wird. Die Krise deswegen nur als „Staatsschuldenkrise" zu bezeichnen sei demnach unzureichend, weil die erhöhte Staatsverschuldung lediglich ein Resultat, jedoch keine Ursache der Krise sei (ebd.). Flassbeck (ebd.) sieht die hohe Staatsverschuldung nicht in einer fehlenden Haushaltsdisziplin der Staaten begründet, sondern als ein Resultat einer Kombination aus sinkenden Einnahmen, Ausgabenerhöhungen zur Konjunkturanregung und Bankenrettungspaketen. Abbildung 1 zeigt, dass die Staatsschulden der Eurozone im Verlauf der Krise stark gestiegen sind

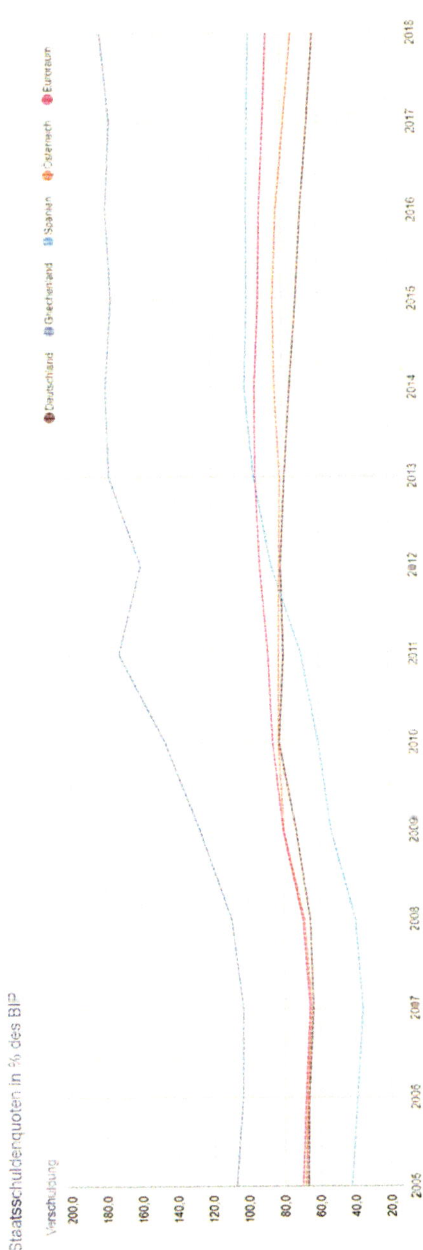

Abbildung 1: Staatsschuldenquoten im Vergleich. (Quelle: OENB)

Auffallend ist, dass die Schuldenquote vor dem Ausbruch der Krise 2008 bei allen Staaten leicht rückläufig ist. Mit dem Fortschreiten der Krise entstanden Steuerausfälle, die mit Konjunktur- und Bankenrettungspaketen einen Anstieg der Schulden verursachten (Flassbeck 2012). Die zusätzliche Verschuldung hatte in Kombination mit den schlechten Wirtschaftsdaten besonders in Südeuropa auch Auswirkungen auf die Bonität-Ratings der Staaten und damit auf den Zinssatz zur Refinanzierung des Staatshaushaltes.

Abbildung 2 zeigt die Entwicklung des Zinssatzes langfristiger staatlicher Schuldverschreibungen:

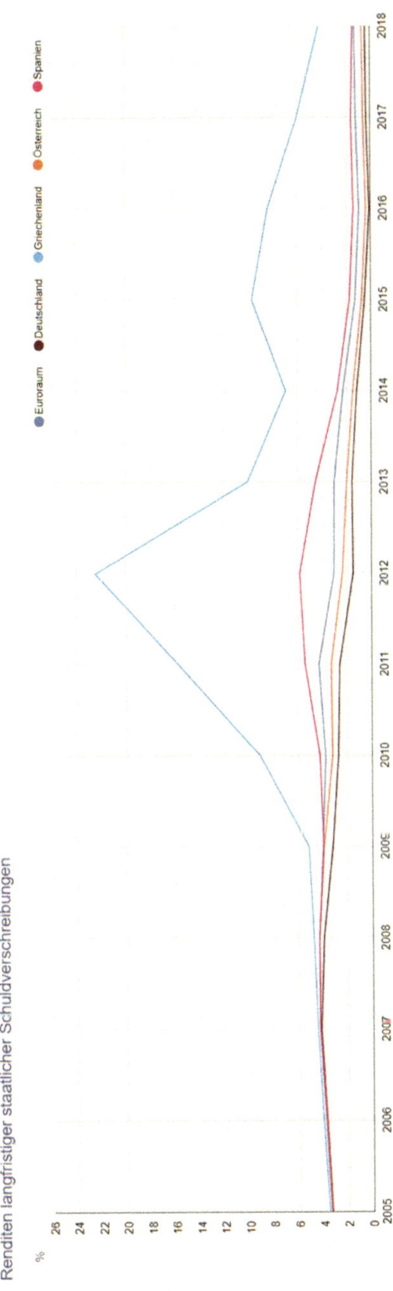

Abbildung 2: Renditen langfristiger staatlicher Schuldverschreibungen. (Quelle: OENB)

Vor der Krise lagen die Zinsen, die die einzelnen Euro - Staaten für ihre Schulden zahlen mussten, auf einem im gesamten Euro-Raum vergleichbaren Niveau. Griechenland hatte die gleichen Zinssätze wie Deutschland. Die Grafik zeigt, wie sehr sich die Zinsniveaus im Zuge der Krise auseinander bewegt haben. Die Zinserhöhung, die Spanien und besonders Griechenland zu verzeichnen hatten, machte die Refinanzierung der Staaten schwierig. Die Finanzierung über den Finanzmarkt ist für die Staaten der Eurozone von hoher Bedeutung. Nach Illing (2013, S.17ff.), ist der Finanzmarkt für einen angemessenen Zinssatz, der das Risiko des Zahlungsausfalls widerspiegelt, bereit, dem Staat seine Refinanzierung weiterhin zu gewähren. Solange der Finanzmarkt weiterhin den Staat finanziert, gilt ein Land als solvent. Die Unsicherheit der Märkte führte dazu, dass die stark defizitären Staaten kein Geld mehr vom Finanzmarkt aufnehmen konnten und der Kapitalfluss abrupt endete. Mit der Unfinanzierbarkeit über den Kapitalmarkt wird ein Staat schließlich zahlungsunfähig. Staaten können nicht alleine über ihre Rückzahlungsbedingungen entscheiden, die Finanzhoheit der Staaten wurde auf den Finanzmarkt transferiert (ebd.). Dies hat auch damit zu tun, dass mit der Einführung des Euros den Staaten geldpolitische Instrumente wie Gelddrucken oder das Abwerten der Währung genommen wurde (ebd.). Ebenso wird deutlich, dass Österreich und Deutschland auf Kosten der Krisenländer profitieren. Je stärker dort die Zinsen steigen, umso billiger werden die Kredite für Österreich und Deutschland, da Anleger, verunsichert durch die Turbulenzen der Finanzmärkte, ihr Sicherheitskalkül grundlegend modifizierten (Flassbeck 2012).

Die Entwicklung der Staatsschulden und Refinanzierungskosten sind Teil einer komplexen Problemstellung, die die Finanzierungsmöglichkeiten der Staaten betrifft. Nach Illing (2013, S.18) ist die Fähigkeit, geliehene Geldmittel inklusive Zinsen zu tilgen, der entscheidende Aspekt bei der Staatsfinanzierung über den Finanzmarkt. Wenn diese Finanzierungsmöglichkeit durch schwache Wettbewerbsfähigkeit, Konjunktureinbrüche und fehlendes Vertrauen am Finanzmarkt in Gefahr gerät, geraten Staaten und Demokratien unter Druck. Als Reaktion auf die Krise haben Staaten und Zentralbanken vieles getan, um das Vertrauen wiederherzustellen. Im folgenden Kapitel sollen strukturelle Probleme angeführt werden, die über die Schuldenproblematik hinausgehen, um die Ursachen und Auswirkungen der Krise vertiefend zu beschreiben.

1.3. Die Krise als Strukturkrise

Nach Illing (2013, S.1) ist die Krise, die sich in Europa ab 2008 ausbreitete, ein Produkt struktureller Ungleichheit. Die Eurokrise sei nicht bloß die reine Fortsetzung der globalen Finanzmarktkrise, die mit der Lehman-Brothers Insolvenz begann, da sie ihren Ursprung nicht in den Fehlentscheidungen einzelner Finanzmarktakteure habe (ebd.). Illing (ebd.) macht zwei Stränge aus, aus denen sich im Lichte einer gemeinsamen Währung, erhebliche strukturelle Disparitäten der Eurozone ergeben. Auf der einen Seite stehen Staaten mit hoher öffentlicher Verschuldung und über den Finanzmarkt finanzierten Staatshaushalten. Auf der anderen Seite stehen unterschiedlich stark wettbewerbsfähige Volkswirtschaften. Es sei nicht der Euro, der zu Disparitäten im Währungsraum führe, sondern die derzeitige Formation der gemeinsamen Wirtschafts- und Fiskalpolitik (ebd.).

> „Die Eurokrise ist daher eine Strukturkrise, weil die derzeitige institutionelle Architektur und ökonomischen Prozesse den Anforderungen, die aus der Gemeinschaftswährung resultieren nicht gewachsen sind." (Illing 2013, S. 1)

Ein weiterer Anhaltspunkt, der auf eine Strukturkrise hindeutet, ist nach Illing (2013, S.2) die Mannigfaltigkeit der Krisen- Bezeichnungen. Die Begriffe „Staatsschuldenkrise", „Bankenkrise" und „Handelsbilanzkrise" sein allesamt unzulässig, um die Krise in ihrer Gesamtheit treffend zu beschreiben, da sie sich nur auf Teilaspekte beziehen.

1.3.1. Artificial Spending

Ein strukturelles Problem, welches sich auf Staatsverschuldung bezieht und welches nach Illing (2013, S.7) eine tiefliegende Ursache der Eurokrise ist, ist das *Artificial Spending*. Dies ist eine Bezeichnung für eine durch Schulden zu permanenter Spitzenleistung angetriebene Wirtschaft. Permanentes Wachstum sei deswegen nötig, weil nur dadurch die Schulden bezahlt werden können, und um weiter günstige Konditionen am Finanzmarkt zu erhalten. Es bestehe das Risiko, dass durch eine Verminderung der Staatsausgaben eine Verringerung des Wirtschaftswachstums erfolge. Die Situation gestalte sich deswegen als prekär, weil in entwickelten Industriestaaten keine nennenswerten Steigerungen mehr erzielt werden könne (Illing, 2013, S.10). In einer artifiziell gesteigerten Wirtschaft ist es demnach schwer, selbst in Zeiten mit starker Konjunktur die Staatsschulden zu verringern (ebd.).

1.3.2. Wettbewerbsfähigkeit

Ein weiteres strukturelles Problem, dass Illing (2013, S.13) aufgreift ist die unterschiedliche Wettbewerbsfähigkeit der Staaten innerhalb der Währungsunion. Hier offenbart sich ein Nord-Süd-Gefälle. Der Norden verzeichnet Exportüberschüsse, wohingegen der Süden mehr Importiert und dauerhaft Defizite verzeichnet (ebd.). Die Staatsschulden sind ein Ausdruck der großen Disparitäten der Zahlungsbilanzen der Länder. Abbildung 3 zeigt die Leistungsbilanzsalden der europäischen Länder:

LEISTUNGSBILANZSALDEN

Überschuss/Defizit der Leistungsbilanz in % des BIP [1]

Land	Durchschnitt 2000-2009	Durchschnitt 2010-2014	2000	2005	2010	2015	2016	2017	2018	2019*	2020*	2021*
Belgien	4,3	1,1	4,3	3,9	2,2	1,4	0,6	1,2	- 1,0	- 0,8	- 0,9	- 1,0
Deutschland	3,5	6,7	- 1,8	4,7	5,9	8,6	8,6	8,3	7,6	7,0	6,8	6,4
Estland	- 9,3	0,4	- 5,4	- 8,7	1,8	1,8	1,6	2,7	2,0	1,4	1,6	1,6
Finnland	5,1	- 1,1	7,5	3,2	1,5	- 0,8	- 1,9	- 0,8	- 1,4	- 1,3	- 1,5	- 1,7
Frankreich	0,6	- 1,1	1,4	0,2	- 0,8	- 0,5	- 0,6	- 0,6	- 0,6	- 0,4	- 0,6	- 0,6
Griechenland	-11,2	- 6,0	- 9,0	- 9,5	-11,3	- 0,2	- 1,1	- 1,0	- 1,1	- 0,8	- 1,1	- 0,9
Irland	- 2,5	- 0,7	0,6	- 3,5	- 1,2	4,4	- 4,2	0,5	10,6	0,8	1,3	1,7
Italien	- 1,0	- 0,7	- 0,3	- 0,9	- 3,3	1,4	2,6	2,7	2,6	2,9	2,9	2,9
Lettland	-10,3	- 1,9	- 5,7	-12,5	1,9	- 0,9	1,4	1,0	- 0,7	- 0,8	- 1,4	- 1,8
Litauen	- 7,3	0,0	- 5,8	- 7,0	0,2	- 2,4	- 1,1	0,5	0,3	1,2	1,5	1,8
Luxemburg	5,6	0,7	6,6	9,3	5,0	0,3	0,2	- 0,9	- 0,0	4,4	4,4	4,4
Malta	- 5,2	- 0,5	-12,0	- 8,0	- 6,3	2,8	3,8	10,5	9,8	9,0	8,5	8,2
Niederlande	5,6	9,1	6,3	5,2	7,0	6,3	8,1	10,8	11,2	9,8	9,0	8,6
Österreich	1,9	2,3	- 0,7	2,0	3,3	1,9	2,9	1,7	2,4	2,2	2,1	2,2
Portugal	- 9,6	- 3,3	-10,8	- 9,8	-10,3	- 0,0	0,6	1,0	0,1	- 0,4	- 0,7	- 1,0
Slowakei	- 4,9	0,2	- 2,2	- 6,8	- 3,3	- 0,6	- 2,0	- 1,8	- 1,6	- 2,4	- 2,6	- 2,3
Slowenien	- 2,6	1,2	- 4,1	- 2,3	- 1,1	3,9	4,9	6,3	5,8	5,8	5,5	5,1
Spanien	- 6,0	- 0,5	- 4,3	- 7,3	- 3,7	2,0	3,2	2,7	1,9	2,4	2,5	2,6
Zypern	-11,2	- 4,5	- 5,8	-15,0	-10,7	- 0,5	- 4,2	- 5,1	- 4,4	- 8,1	-10,6	-11,1

11

Es ist zu sehen, dass Griechenland im Zeitraum von 2005 – 2010 ein durchschnittliches Defizit von 9,5% aufweist und Spaniens Defizit bei 4,3% lag. Gegenteilig ist die Entwicklung der Leitungsbilanz Deutschlands in diesem Zeitraum. Diese resultiert aus einer strikten Sparpolitik, die auch Reformierungen im arbeits- und sozialpolitischen Bereich einschloss (Scharpf 2011). Durch die deutsche Lohnpolitik, bei der die Löhne vergleichsweise wenig anstiegen, konnten die Lohnstückkosten gesenkt werden. Dies führte zu einer steigenden Exportquote, während die Importnachfrage zurückging (Scharpf 2011, S. 327f.). Dabei problematisiert Scharpf (ebd.), dass die deutschen Überschüsse die Importe nicht gesteigert hätten, sondern als Kapitalexport die Schuldenrate der Südstaaten weiter ansteigen ließen. Heimberger (2014a, S.238) bemerkt, dass die stark zurückhaltende Lohnpolitik Deutschlands maßgeblich zur Entstehung makroökonomischer Ungleichgewichte beigetragen habe. Im weiteren Verlauf dieser Arbeit soll problematisiert werden, dass die europäischen Maßnahmen zur Bewältigung dieses Ungleichgewichts von einem Konzept der „Inneren Abwertung" geleitet wurden, die Lohnsenkungen und andere Strukturreformen in den unter den Rettungsschirm (ESM) gekommenen Staaten vorsah (Heimberger 2014a, S.235).

1.3.4. Zinsentwicklung und Geldpolitik

Die Zinsentwicklung auf langfristige, staatliche Schuldverschreibungen offenbart eine gegenteilige Entwicklung wie die Leistungsbilanzdaten. Wie bereits in Abbildung 2 ersichtlich, stellten sich die Zinsen seit der Einführung des Euros, bis zum Ausbruch der Krise auf ein gleiches Niveau ein. Das heißt, dass alle Staaten am Finanzmarkt gleiche Konditionen vorfanden. Illing (2013, S.14) bemerkt, dass damit bisherige Weichwährungsländer wie Griechenland und Spanien plötzlich viel bessere Konditionen vorfanden als früher. Die enorm niedrigen Zinsen im Zeitraum von 2003 – 2007 führte in diesen Ländern zu einer Erhöhung des kreditfinanzierten, privaten Konsums und allgemeinem Wirtschaftswachstum samt steigender Löhne. Dies führte wiederum in der Leistungsbilanz dazu, dass mehr importiert als exportiert wurde und sich Immobilienblasen bildeten (Scharpf 2011, S. 329). Aufgrund der Gemeinschaftswährung war es für die einzelnen Staaten nicht mehr möglich, durch Währungsabwertung die Wettbewerbsfähigkeit zu erhöhen und eine Steigerung der Exporte und Senkung der Importe zu erzielen (Scharpf 2011, S.326). Es kann als strukturelles Problem der Eurozone angesehen werden, dass die Refinanzierungskosten der Länder in den Jahren nach der Euro-Einführung nicht ihrer tatsächlichen Wettbewerbsfähigkeit entsprachen (ebd.). Ein weiteres Problem liegt darin, dass die Staaten ihre geldpolitische Hoheit an die EZB abtraten, Fragen der Wirtschaftspolitik aber weiterhin auf nationaler Ebene entschieden werden (Illing 2013, S.25).

Den Staaten der Eurozone ist es nicht möglich, mittels eigener Notenpresse Geld zu drucken. Sie sind daher mehr als andere Industriestaaten (USA, GB, Japan) vom Finanzmarkt und externen Investitionen abhängig (Illing 2013, S.17). Dies birgt die Gefahr, dass Staaten insolvent werden, wenn sie kein Geld mehr bekommen (Illing, 2013, S.19). Da der Finanzmarkt aus vielen unterschiedlichen Akteuren besteht, ist darin ein Vertrauensproblem beinhaltet, da niemand weiß, wer dem Staat als nächstes Geld zur Verfügung stellt (ebd.). Illing (ebd.). bemerkt, dass die Refinanzierungsmodalitäten weniger vom Verhältnis Staat – Finanzmarkt abhängen, sondern vielmehr die Vertrauensbeziehung unter den Finanzmarktakteuren entscheidend ist. In dieser Beziehung spiegelt sich das Problem der Eurozone in wirtschaftlichen Krisensituationen. Wie wichtig der Faktor Vertrauen für den Markt ist, wird unter anderem am *Draghi-Effekt* ab 2012 ersichtlich. Im weiteren Verlauf der Arbeit soll unter anderem daran gezeigt werden, wie das Handeln der EZB bzw. der EU dazu beitragen kann, Krisen entgegen zu steuern und welche wirtschaftspolitische Sichtweisen dabei zum Teil aufeinanderprallen.

1.4. Fazit und Ausblick

In diesem Kapitel sollte gezeigt werden, dass es sich bei der 2008 ausgelösten, wirtschaftlichen Krise um eine vielschichtige Strukturkrise handelte. Strukturelle Schwierigkeiten sind etwa die Ungleichheit der Wettbewerbsfähigkeit zwischen den Nord- und den Süd- Ländern der Eurozone, sowie die unausgeglichenen Leistungsbilanzsalden der Staaten. Die gemeinsame Währung, der Euro, birgt ebenso strukturelle Probleme, weil dadurch die geldpolitischen Instrumente der Nationalstaaten an die EZB abgegeben wurden. Hinzu kommt eine hohe Verschuldung der Länder am Finanzmarkt und das Paradoxon einer artifiziell gesteigerten Wirtschaft, die Wachstum und weitere Verschuldung als Prämissen ausweist. Das Wirtschaftssystem der Eurozone war durch seine strukturelle Schwäche besonders anfällig für die Verunsicherung, die seit 2008 durch den Finanzmarkt und alle seine Akteure ging. Diese Verunsicherung zeigte sich in zu hohen Zinsen und der fehlenden Bereitschaft, in Finanznot geratenen Staaten Geld zur Verfügung zu stellen. Die so entstandene Abwärtsspirale machte wirtschaftspolitische Maßnahmen jener Akteure notwendig, die in der Lage waren, auf die Krise aktiv zu reagieren: Staaten, supranationale Organisationen (EU) und Zentralbanken.

> „In der Staatsschulden-, Wirtschafts- und Bankenkrise des Euroraums vermischen sich ökonomisches und politisches Handeln auf einmalige Weise. Die zentralen Akteure – Regierungen, Parlamente, Zentralbanken, die EU-Kommission, der IWF, die Verfassungsgerichte – versuchen dabei, mit teils unerprobten Rezepten den ökonomischen und sozialen Unwuchten der Eurozone entgegenzuwirken" (Schöneberg 2015).

Im weiteren Verlauf dieser Arbeit werden die Maßnahmen der EU, der *europäische Stabilitätsmechanismus* ESM und der *Fiskalpakt*, sowie Programme und Ankündigungen der EZB zum Ankauf von Staatsanleihen, auf ihre Absichten und Auswirkungen hin untersucht. Die Leitfrage soll dabei sein, ob in Krisenzeiten eher gespart oder investiert werden soll? Oder normativ gefragt: Welche negativen Auswirkungen hat-(te) die strikte Sparpolitik der EU auf die betroffenen Länder Spanien und Griechenland?

2. Maßnahmen gegen die Krise

2.1. Schilderung des Konflikts

Zu Beginn dieses Kapitels soll der wirtschaftspolitische Konflikt geschildert werden, in dem später die zur Bekämpfung der Krise getroffenen Maßnahmen verortet werden. Nach Schöneberg (2015, S.8) stehen sich Politik, Ökonomie und publizierte Meinung in zwei Lagern gegenüber:

> „Die eine Seite plädiert für schuldenfinanzierte Konjunkturprogramme der öffentlichen Hand, um Investitionen anzukurbeln und so Arbeitsplätze und bessere Lebensbedingungen zu schaffen. Die andere hält strikte Austerität und Neujustierung der öffentlichen Etats hin zu nachhaltigerem Haushalten für richtig, um so Grundlagen für die Bildung einer effizienteren Staats- und Wirtschaftsordnung zu legen (ebd.)."

Im Kern gehe es dabei stets um die Kontroverse zwischen postkeynesianischer Ausgabenpolitik auf der einen sowie strikter neoklassischer Aus- und Aufgabenbegrenzung auf der anderen Seite.

2.1.1. Die neoklassische Interpretation der Eurokrise

Die Vertreter einer neoklassischen Denkschule argumentieren, dass die Krisenländer nach der Einführung des Euro zu lange über ihre Verhältnisse gelebt und somit die Eurokrise verursacht hätten (van Treeck 2017, S.212). Das zusätzliche Kapital, dass nach der Einführung des Euros über den Finanzmarkt zu den heutigen Krisenstaaten gelangte, sei nicht für produktive Investitionen, sondern für Konsum verwendet worden. Dies habe zu einem übermäßigen Anstieg von öffentlicher und privater Verschuldung geführt. Zusätzlich habe sich die Wettbewerbsfähigkeit dieser Länder durch eine zu starke Erhöhung der Löhne verschlechtert. Das Ergebnis war eine Verzerrung der Handelsbilanzen und ein Exportdefizit (ebd.).

Basierend auf dieser Diagnose wird zur Verbesserung der Wettbewerbsfähigkeit und Bekämpfung der strukturellen Probleme ein Maßnahmenpaket empfohlen, welches den Arbeitsmarkt und die Staatsausgaben betrifft. „Diese Reformen beinhalten Lohnkürzungen, Deregulierung des Arbeitsmarkts (z.B. weniger Kündigungsschutz, geringere Mindestlöhne), Deregulierung der Produktmärkte (z.B. weniger bürokratische Vorschriften für Unternehmen, mehr Wettbewerb, Privatisierungen) und Senkung der Staatsausgaben, insbesondere der Ausgaben für staatlichen Konsum" (van Treeck 2017, 213).

Die Krise wird als Staatsschuldenkrise eingestuft, weil die heutigen Krisenländer die Regeln des Stabilitäts- und Wachstumspaktes, der einer Aufnahme in die EU zugrunde liegt, gebrochen hätten. Neoklassische Ökonomen lehnen üblicherweise die Auffassung ab, dass hochverschuldete Länder von den solideren Ländern durch Finanzhilfen (Bail-outs) „gerettet" werden sollen (ebd.). Hinter dieser Auffassung stehe das Argument, dass ein Bail-out die Krisenländer davor bewahren würde, die als notwendig erachteten Reformen umzusetzen.

2.1.2. Die keynesianische Interpretation der Eurokrise

Keynesianische Ökonomen argumentieren, dass die Exportdefizite heutiger Krisenländer die Kehrseite einer schwachen Binnennachfrage in einer Reihe von Ländern im „Zentrum" der Eurozone sein (van Treeck 2017, S. 214). Aus keynesianischer Sicht komme insbesondere Ländern mit Exportüberschüssen eine Verantwortung für die makroökonomische Instabilität der Eurozone zu. Sowohl die schwache Lohnentwicklung, als auch die schwache Entwicklung der staatlichen Nachfrage, vor allem in Deutschland, habe nach keynesianischer Auffassung zu den Handelsungleichgewichten innerhalb der Eurozone beigetragen. Die schwache Wettbewerbsfähigkeit der heutigen Krisenländer sei darin begründet, dass die Löhne in Ländern wie Deutschland nur schwach stiegen und Exporte deswegen dort preisgünstig möglich waren. Zudem wird argumentiert, dass die Deregulierung des Arbeitsmarkts und Kürzungen in Deutschlands Sozialversicherungssystemen in den Jahren vor der Krise dort die Konsumnachfrage geschwächt habe, während die gedrosselte Entwicklung der Staatsausgaben in den ersten Jahren nach Einführung des Euros die gesamtwirtschaftliche Nachfrage zusätzlich gemindert hat (ebd.).

Die wirtschaftspolitisch eigenmächtig herbeigeführte niedrige Nachfrage und niedrige Inflation Deutschlands in den Jahren nach der Euro- Einführung führte dazu, dass die Zinsen von der EZB über einen langen Zeitraum niedrig gehalten wurden um die gesamtwirtschaftliche Nachfrage Deutschlands und anderer Länder im „Zentrum" zu unterstützen (ebd. S.215). Dies habe das exzessive Wachstum der Verschuldung in den Ländern der Peripherie mit befördert. Somit habe die Wirtschaftspolitik in Deutschland, folgt man der keynesianischen Perspektive, in entscheidendem Maße zu den Problemen der Exportdefizitländer beigetragen.

Van Treeck (ebd.) bemerkt, dass diese Analyse im Widerspruch zur neoklassischen Sichtweise stehe, bei der darauf hingewiesen wird, dass die Länder mit Wettbewerbsproblemen ebenfalls ihre Arbeitsmärkte deregulieren und den Anstieg der Lohnkosten hätten bremsen müssen, um die Beschäftigung zu stärken. Die keynesianische Antwort darauf wäre, dass die Eurozone als Ganzes bereits vor dem Ausbruch der Krise von 2008 in eine lang anhaltende Rezession (Schrumpfung der Wirtschaftsleistung) gefallen wäre, wenn die Binnennachfrage im Rest der Eurozone so schwach gewesen wäre, wie sie in Deutschland in den ersten Jahren nach Schaffung des Währungsraums war (ebd.). Aus keynesianischer Perspektive kommt den Überschussländern bei der Lösung der Krise erhebliche Bedeutung zu. Diese sein dazu angehalten, ihre öffentlichen Investitionen zu erhöhen und ihre Lohnzurückhaltungspolitik aufzugeben.

Austerität wird als unpassende Antwort auf die Krise erachtet, weil sie die Rezession verschlimmert und die Stabilisierung der Verschuldung aufgrund von sinkenden Einkommen und sinkender Steuereinnahmen erschwert (ebd.). Eine Nachfrageschwäche, verursacht durch zu striktes Sparen, wird als Hauptproblem der Krise gesehen, weil sie die Gefahr einer dauerhaften Strukturschwäche in mehreren Bereichen birgt (ebd.).

> „Aus keynesianischer Sicht werden daher statt der Austeritätspolitik eine antizyklische Fiskalpolitik (höhere Staatsausgaben in Zeiten privater Nachfrageschwäche) und eine expansive Geldpolitik (niedrige Zinsen zur Förderung der privaten Nachfrage) befürwortet, um die ökonomische Situation des Euroraums zu stabilisieren. Zugleich wird eine vertiefte wirtschaftliche Kooperation der Euroländer gefordert. Zumindest sollten – folgt man dieser Sichtweise – die staatlichen Konsolidierungsmaßnahmen und Lohnkürzungen in den Krisenländern begrenzt und durch höhere Staatsausgaben und Lohnerhöhungen in den Überschussländern ergänzt werden" (ebd. 215f.).

2.2. Der ESM

Der *europäische Stabilitätsmechanismus* ESM trat im September 2012 in Kraft und ist ein permanenter Mechanismus zur Stabilisierung des Euros (BMF – DE 2020). Maßnahmen, die dem ESM vorausgingen, wie der 2010 eingeführte *europäische Finanzstabilisierungsmechanismus* EFSM und die ebenfalls 2010 eingeführte *europäische Finanzstabilisierungsfazilität* EFSF hatten nicht den permanenten Charakter wie der ESM. Der ESM, der EFSM und der EFSF sind in ihren Instrumentarien, Wirkungsweise, institutionellem Aufbau und ihrer rechtlichen Legitimation verschieden. Diese drei Mechanismen bzw. Maßnahmen werden gemeinhin oft als *Euro-Rettungsschirm* bezeichnet, weil sie in finanzielle Not geratene Staaten, durch Vergabe von Krediten mit gemeinsamer Haftung, dabei helfen sollen, ihre Finanzen zu stabilisieren. Gemeinsam haben sie, dass die Freigabe von Geldern an umfassende Haushaltskonsolidierungsprogramme sowie strukturelle Reformen gebunden sind (BMF – DE 2020).

Aus Gründen der Übersichtlichkeit wird im Folgenden lediglich der ESM thematisiert, der bis heute besteht.

Der ESM ist als intergouvernementale Finanzierungsorganisation eingerichtet und basiert auf dem *Vertrag über den europäischen Stabilitätsmechanismus* (EMSV), der von 17 FinanzministerInnen der Teilnamestaaten unterschrieben wurde. Der Sitz der Organisation als Rechtspersönlichkeit ist in Luxemburg. Jedes Mitgliedsland entsendet seine/n FinanzministerIn und einen/eine StellvertreterIn der Regierung in den Gouverneursrat des ESM. Sämtliche Mitglieder aus dem Gouverneursrat und dem Direktorium genießen vollständige Immunität von der Gerichtsbarkeit hinsichtlich ihrer Entscheidungen und sind auch nach dem Ausscheiden beim ESM zur Verschwiegenheit verpflichtet (Vgl. Art. 34f ESMV). Grundlegende Entscheidungen, wie etwa der Beschluss der Gewährleistung von finanzieller Hilfe für ein Mitgliedsland entscheidet der Gouverneursrat einstimmig. Verfahren werden begonnen, wenn ein Mitgliedsland um Finanzhilfe ansucht.

Die Gewährung von Finanzhilfe durch den ESM erfolgt unter strengen Auflagen:

> „Ist dies zur Wahrung der Finanzstabilität des Euro-Währungsgebiets insgesamt und seiner Mitgliedstaaten unabdingbar, so kann der ESM einem ESM-Mitglied unter strengen, dem gewählten Finanzhilfeinstrument angemessenen Auflagen Stabilitätshilfe gewähren. Diese Auflagen können von einem makroökonomischen Anpassungsprogramm bis zur kontinuierlichen Erfüllung zuvor festgelegter Anspruchsvoraussetzungen reichen." (Artikel 12 Abs. 1 ESMV)

Der ESM verfügt über fünf Finanzierungsinstrumente:

- Die Vergabe einer Kreditlinie zur Vorbeugung,
- die Kreditvergabe bei finanziellen Schwierigkeiten,
- die direkte Rekapitalisierung von Finanzinstitutionen,
- die indirekte Rekapitalisierung der Finanzinstitute über die jeweiligen Regierungen
- den Ankauf von Staatsanleihen (ESM 2020)

Die Haftung für die vergebenen Kredite übernehmen die Mitgliedsländer gemeinsam:

> „Die Haftung eines jeden ESM-Mitglieds bleibt unter allen Umständen auf seinen Anteil am genehmigten Stammkapital zum Ausgabekurs begrenzt" (Artikel 8 Abs. 5 ESMV).

Jedes Land hat sich gemäß eines zuvor festgelegten Beteiligungsschlüssels am ESM mit Eigenkapital beteiligt. Der Beitrag der Länder betrug gemeinsam 80 Milliarden Euro, Deutschland zahlte beispielsweise 21.72 Milliarden ein, Österreich 2.23 Milliarden. Insgesamt verfügt der ESM über eine Darlehnskapazität von 500 Milliarden Euro (BMF – DE 2020).

Bisher haben fünf Staaten Finanzhilfe beim ESM bzw. EFSF beantragt: Irland (2011), Portugal (2011), Griechenland (2012), Spanien (2012) und Zypern (2013). Wenn in der Literatur von in Finanznot geratenen Euro- Staaten die Rede ist, werden diese Staaten oft als GIPS- Staaten bezeichnet.

2.2.1. Der europäische Fiskalpakt

Voraussetzung für den Erhalt von Finanzhilfe aus dem ESM ist die Unterzeichnung des Fiskalpakts (BMF – DE 2020). Der Fiskalpakt verpflichtet alle EU-Länder, bis auf Großbritannien und Tschechien, zu einem Haushalt mit strukturellem Defizit unter 0,5% der BIPs. Der Fiskalpakt wurde von den teilnehmenden Ländern in ihren Verfassungen verankert und trat im Jänner 2013 in Kraft. Die Regeln des Fiskalpakts verschärfen das so genannte Maastricht-Kriterium erheblich (Österreichisches Parlament - Glossar). Nach dem Vertrag von Maastricht von 1992 ist eine Neuverschuldung in Höhe von drei Prozent erlaubt.

Die Schulden insgesamt dürfen weiterhin nicht mehr als 60 Prozent des Bruttoinlandsprodukts betragen.

Nach Schulmeister (2014) ist der Inhalt des Fiskalpaktes Ausdruck einer neoklassischen Ideologie und gegen das europäische Sozialmodell gerichtet. Der Pakt binde die Fiskalpolitik noch enger an Regeln und schätze das strukturelle Defizit falsch ein. Zudem werde unterstellt, dass Sparpolitik keine negativen Folgen für Produktion und Beschäftigung habe. Die Verringerung des Staatsdefizits durch Strukturreformen sei eine Umschreibung für weiteren Abbau des Sozialstaats und Arbeitnehmerschutzes. Ebenso argumentiert Schulmeister (ebd.), dass Sparpolitik in Krisenzeiten die Wirtschaft behindere aus der Krise heraus zu wachsen.

2.2.2. Die TROIKA

Die TROIKA ist eine Organisation bestehend aus Vertretern der EU-Kommission, des IWF und der EZB. Ihre Aufgabe ist es, die Verhandlungen mit betroffenen Krisen-Staaten über den Erhalt der Finanzhilfen aus dem ESM zu führen und die Einhaltung der beschlossenen Auflagen zu kontrollieren (Sapir et al. 2014, S.7). Durch die Position des Verhandlungsführers nimmt die TROIKA maßgeblichen Einfluss auf die Politik der Krisenländer und deren zukünftige Entwicklung. Vielfach wurde Kritik über fehlende demokratische Legitimation und intransparentes Handeln der Troika laut (Sapir et al. 2014, Schumann 2015). Die TROIKA wurde auch von Seiten des EU-Parlaments wegen der einseitigen Fokussierung auf Sparmaßnahmen und Vernachlässigung von Wachstumsimpulsen, sowie fehlender juristischer Legitimation kritisiert (EU 2014). 2015 wurde der Begriff TROIKA mit Beginn der Verhandlungen über ein drittes Kreditprogramm für Griechenland in QUADRIGA geändert.

2.2.3. Innere Abwertung und Austerität

In diesem Kapitel soll die Lösungsstrategie der TROIKA untersucht werden. Heimberger (2014a, S.235) bemerkt, dass die europäische Kommission im Jahr 2013 in einem *Alert Mechanism Report* eine „sinkende preisliche Wettbewerbsfähigkeit in den südeuropäischen Ländern [...] als zentrales Problem der Eurozone" ausmachte. Die TROIKA geht davon aus, dass die fehlende Wettbewerbsfähigkeit von einer exzessiven Lohn- und Preissteigerung in den Jahren vor der Krise verursacht wurde. Der von der TROIKA vorgeschlagene Lösungsweg sieht vor, dass die Krisenstaaten ihre Löhne und Preise gegenüber ihren Handelspartnern senken, was nur durch eine „drastische Austeritätspolitik" sowie „Strukturreformen der Arbeitsmärkte und Lohnsenkungen" erreicht werden könne (ebd.). Gemäß dem makroökonomischen Konzept der „inneren Abwertung" sollte durch Lohnsenkungen die preisliche Wettbewerbsfähigkeit erhöht werden (ebd.). Die TROIKA erhoffte sich durch diese Maßnahmen eine im Vergleich zu den nordeuropäischen Ländern niedrige Inflation und verbesserte preisliche Wettbewerbsfähigkeit, samt Ankurbelung der Exporte und Steigerung der Leistungsbilanzsalden (ebd.). Heimberger (ebd. S.236). führt die Theorie, wonach das Auseinanderdriften der preislichen Wettbewerbsfähigkeit am meisten zur Entstehung ökonomischer Probleme beigetragen habe, auf den früheren EZB Präsidenten Jean-Claude Trichet zurück und kritisiert dabei, dass die Löhne zu einseitig als zentrale Anpassungsvariable festgemacht wurden. Ebenso konnte Heimberger (ebd.) zeigen, dass die drastischen Lohnkürzungen und die Kürzung von Sozialleistungen des Staates in Ländern wie Griechenland und Spanien zu einem erheblichen Rückgang der Binnennachfrage führten. In Griechenland viel die Nachfrage nach Binnenmarktgütern von 2010 – 2013 um 22,4% (Heimberger, 2014a, S.243). Zudem kritisiert Heimberger (ebd. S.236), dass einkommensschwache Schichten unverhältnismäßig stark von der „inneren Abwertung" betroffen sind. Heimberger (2014a) sieht die schwache Nachfrage, verursacht durch die strikte Sparpolitik, als Hauptgrund für ausbleibende wirtschaftliche Erholung der Krisenstaaten.

> „Die Arbeitslosenrate stieg in den südeuropäischen Ländern zwischen 2010 und 2013 stark an: in Griechenland von 12,6% auf 27,3%; in Spanien von 20,1% auf 27,3% [...] Jene Länder, welche

die schärfste Austeritätspolitik durchsetzen, verzeichneten – wie Blenchard und Leigh (2013) zeigten – auch den größten Rückgang der Wirtschaftsleistung" (Heimberger 2014a, S.244).

Zudem sei es von der TROIKA unverhältnismäßig, die stark gestiegenen Lohnkosten der südeuropäischen Staaten, nicht in einem gesamteuropäischen Kontext zu betrachten. Die von Deutschland im selben Zeitraum praktizierte Lohn- Zurückhaltung hätte in die Bewertung des Sachverhalts mit einbezogen werden müssen (Heimberger 2014a, S.238). Abbildung 4 stellt die Entwicklung der Lohnstückkosten innerhalb der Euro- Zone dar:

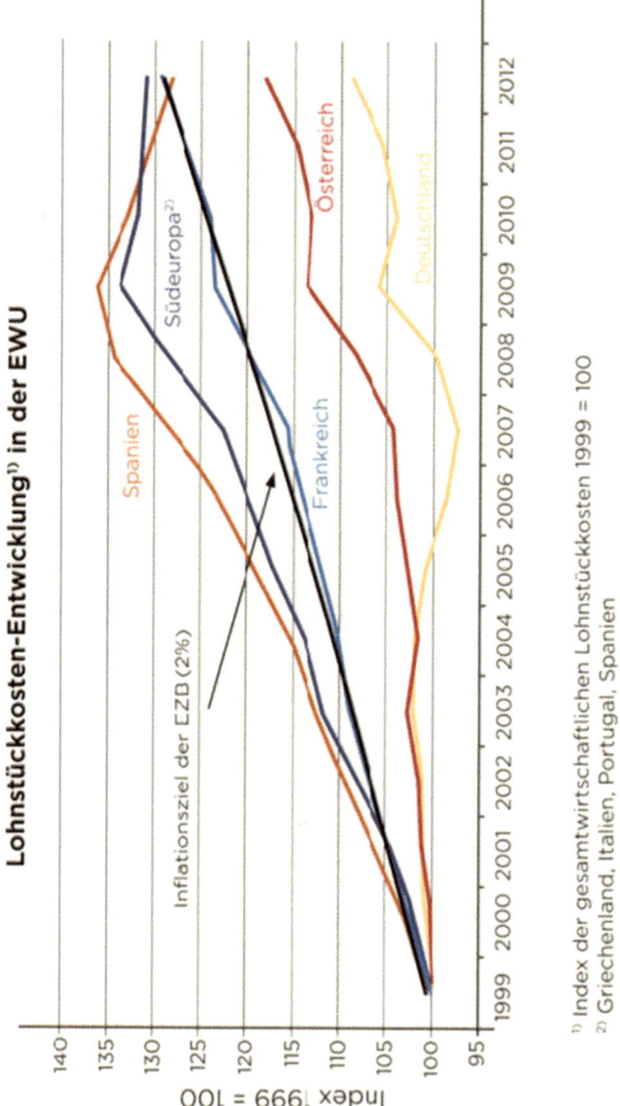

Abbildung 4: Lohnstückkosten- Entwicklung in der Euro- Zone. (Quelle: Hubmann 2013, S.35)

Es ist zu sehen, dass das bei der Gründung des europäischen Währungsraums festgelegte Inflationsziel von 2% zwar im EU- Schnitt erreicht wurde, jedoch von den einzelnen Staaten teilweise massiv über- bzw. unterboten wurde. Dies hängt stark mit der hier dargestellten gegenteiligen Entwicklung der Lohnstückkosten in Nord- bzw. Südeuropa zusammen. „Wenn die Lohnstückkostenänderungen unter dem Inflationsziel liegen, dann sagt dies aus, dass die Nominallöhne geringer gestiegen sind als die Summe des Produktivitätswachstums und der Zielinflationsraten" (Hubmann 2013, S. 36). Die in Abbildung 4 dargestellte Entwicklung der Lohnstückkosten unterstützt die von Hubmann (2013, ebd.) aufgestellte These, dass die in Abbildung 3 dargestellte Entwicklung der Leistungsbilanzsalden zugunsten von Ländern wie Deutschland und Österreich nur „auf Kosten anderer Länder" erfolgte, die ihre Lohnstückkosten nicht unterhalb der Inflationsrate von 2% zurückgehalten hatten. Zudem kritisiert Hubmann (ebd.), dass die ArbeitnehmerInnen in jenen Ländern, die Exportüberschüsse durch Zurückhaltung von Lohnstückkosten erzielten, nicht mehr von denen durch sie erzielten Produktivitätszuwächsen profitierten.

Hubmann (2013, S. 37) resümiert, dass zu starke Konkurrenz zwischen Ländern innerhalb einer Währungsunion keine gute Strategie sei. Exportzuwächse sein innerhalb einer Währungsunion nur dann volkswirtschaftlich sinnvoll, wenn im Gegenzug im gleichen Maße Importe ermöglicht würden (Hubmann 2013, zit. nach Bofinger 2006).

2.3. Unkonventionelle Geldpolitik der EZB

Ein weiterer wichtiger Akteur, wenn es um Maßnahmen zur Begegnung der gesamteuropäischen Wirtschaftskrise geht, ist die *Europäische Zentralbank* EZB. Aus Gründen des begrenzten Umfangs dieser Arbeit muss auf die Beschreibung des Aufbaus und aller geldpolitischen Instrumente der EZB im Einzelnen verzichtet werden. Im Gegenzug soll eine 2012 erfolget Maßnahme, die Ankündigung von *Outright Monetary Transactions* (OMTs), im Hinblick auf ihre Un-konventionalität und ihre Auswirkungen beschrieben werden.

2.3.1. Die Traditionellen Aufgaben der EZB

Die EZB ist eine supranationale, unabhängige Institution, der es nicht erlaubt ist, Weisungen einer nationalen Regierung oder EU- Institutionen anzunehmen. Ihr oberstes Ziel ist die Verwirklichung anhaltender Preisniveaustabilität (Inflationsrate) im Euroraum. Anhaltende Preisniveaustabilität wird definiert als Anstieg des Harmonisierten Verbraucherpreisindex (HVPI) für das Euro- Währungsgebiet von unter 2% gegenüber dem Vorjahr (EZB 2011). Um die Preisniveaustabilität zu gewährleisten greift die EZB über die Beeinflussung der Geldmarktzinsen in den monetären Transmissionsmechanismus ein (EZB 2011, S.67). Somit versucht die EZB, einen Zusammenhang zwischen Zinsen und Preien, kontrolliert herzustellen (ebd.). Herkömmliche geldpolitische Instrumente, die die EZB dafür nutzt sind:

- Offenmarktgeschäfte,
- ständige Fazilitäten und die
- Mindestreservepflicht (EZB 2011).

Offenmarktgeschäfte bilden den Kern der Geldpolitik, da sie zur Beeinflussung der Zinssätze und der Liquiditätssteuerung genutzt werden. Über Offenmarktgeschäfte wird dem Bankensystem Liquidität zu entsprechenden Konditionen übermittelt (EZB 2011, S.113ff.). Die ständigen Fazilitäten sind weitere Kreditmöglichkeiten, die von Banken zumeist in Ausnahmefällen, bei Bedarf in Anspruch genommen werden können (EZB 2011, S.108). Über die Steuerung der Höhe der Mindestreservepflicht, die die Banken bei ihren jeweiligen Nationalbanken einlagern müssen, kann ebenfalls Einfluss auf die Liquidität des Bankensystems genommen werden (EZB 2011, S.109).

2.3.2. Reaktionen auf die Krise

2012 war die gesamteuropäische Wirtschaftskrise noch nicht überwunden. Südeuropäische Staaten hatten erhebliche Schwierigkeiten bei ihrer Refinanzierung am Kapitalmarkt. Zudem drohten Immobilienblasen zu platzen und viele Banken mussten wegen ihrer maroden Bilanzen und der herrschenden Panik auf den Märkten weiterhin vom Staat gestützt werden. Zudem breitete sich in den schwer in die Krise gekommenen südeuropäischen Ländern eine wirtschaftliche Rezession samt hoher Arbeitslosigkeit aus. Auch die Einführung des „Euro-Rettungsschirms" ESM konnte die Märkte nicht nachhaltig beruhigen bzw. die wirtschaftliche Lage in den betroffenen Staaten verbessern. Bisher hatte die EZB durch kontinuierliche Herabsetzung des Leitzinses zur Vergabe von Krediten und durch singuläre Programme zum Kauf von Staats- und Unternehmensanleihen (Securities Markets Programme, SMP) versucht, korrigierend auf die Wirtschaft einzuwirken.

In Abbildung 5 wird die Entwicklung der Leitzinssätze in der Euro- Zone und den USA dargestellt. Als Leitzins bezeichnet man vor allem Zinssätze, die von einer Zentralbank im Rahmen ihrer geldpolitischen Maßnahmen festgesetzt werden können (EONB). Es ist zu sehen, dass der Amerikanische Leitzins in Reaktion auf die Krise schneller in Richtung der 0% Marke gesenkt wurde als der Europäische.

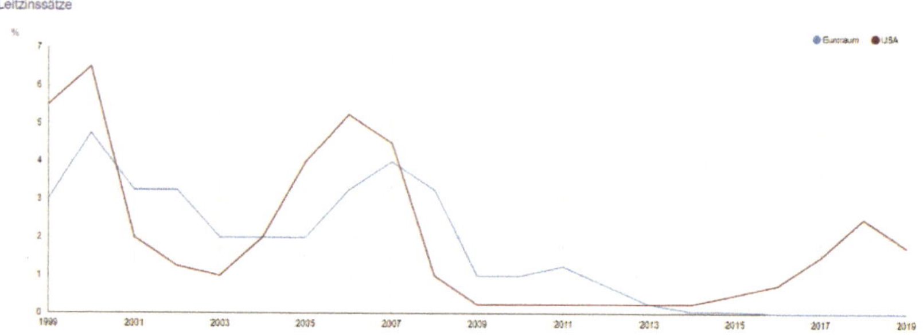

Abbildung 5: Die Entwicklung der Leitzinssätze in der Euro- Zone und den USA. (Quelle: OENB)

In einer vielbeachteten Rede[1] zur Lage der Krise verkündete der damalige EZB Chef Mario Draghi im Juli 2012, „alles zu tun" um der Wirtschaftskrise zu begegnen und den Euro zu stabilisieren. Dabei kündigte er *Outright Monetary Transactions* (OMTs) an und versprach, notfalls in unbegrenztem Ausmaß Staatsanleihen von Staaten der Eurozone zu kaufen. Die Finanzmärkte fassten dieses Novum, im Zweifel für sämtliche Staatschulden der Eurozone zu haften, als Garantie für die Stabilität des Euros auf und reagierten mit niedrigen Zinsen für Anleihen der Krisenländer (Ergen 2016). Die OMTs sollten von Krisenstaaten im Rahmen einer Aktivierung des ESM in Anspruch genommen werden können (EZB 2012). Rückblickend auf das OMT-Programm blieb es bei den Worten Draghis, die EZB setzte es nie in die Tat um, die gesunken Zinsen auf Staatsanleihen von Krisenstaaten blieben jedoch bestehen (Ergen 2016, S. 2). Die Beruhigung des Marktes nach Ankündigung des OMT Programms wird oft als „Draghi Effekt" bezeichnet und kann als Zeichen dafür verstanden werden, wie sehr Märkte vom Faktor Vertrauen abhängen.

In den Jahren 2015 – 2020 kam es durch die EZB wieder zu tatsächlich durchgeführten Anleihen- Kauf-Programmen. Als *expanded asset purchase programme* (EAPP bzw. PSPP) wurden monatlich bis zu 80 Milliarden Euro für den Kauf von Wertpapieren ausgegeben, was insgesamt einer Summe von 2,8

---

[1] „Within our Mandate, the ECB is ready to do whatever it takes to preserve the Euro. And believe me, it will be enough.", Rede von Mario Draghi vom 26.07.2012

Billiarden Euro entsprach (EZB 2020 – Asset purchase Programes). Diese Anleihenkäufe haben das Ziel, einer Deflation in der Eurozone vorzubeugen und die Inflation wieder in Richtung 2% zu steigern (EZB 2020a). Die Zinssätze sollen gesenkt und Investitionen, Konsum und wirtschaftliches Wachstum der Eurozone soll angekurbelt werden (ebd.). Diese geldpolitische Praktik fällt unter den Begriff *quantitativ easing* (quantitative Lockerung) und wurde bereits von der *Federal Reserve Bank* (FED) in den USA in den Jahren 2009 – 2014 erfolgreich praktiziert um eine Rezession abzuwenden (Kearns 2014). In Abbildung 6 wird das kumulierte Volumen der Anleihen-Kauf-Programme (EAPP) der EZB dargestellt.

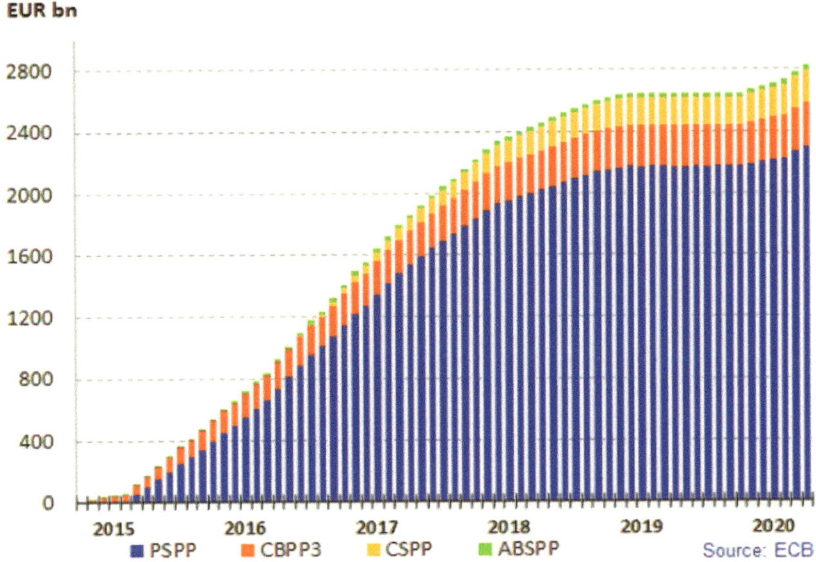

Abbildung 6. Programme zum Kauf von Anleihen (Expanded asset-purchase programme) durch die EZB. (Quelle: EZB)

Dabei fällt auf, dass die vermeintlich lockere Geldpolitik der EZB ab 2012 im Gegensatz zu den strikten Sparauflagen des ESM steht. Die von der EZB gewünschten, und durch expansive Geldpolitik angeregten Investitionen stehen den Anforderungen des Fiskalpakts konträr gegenüber. Die EZB scheint die Austeritätspolitik des ESM mit zu tragen, ihre eigene Politik des *quantitativ easing* erscheint jedoch in einem anderen Licht. Dabei liegt die These nahe, dass die EZB einerseits die neoliberalen Umstrukturierungsmaßnahmen der Arbeitsmärkte und Sozialsysteme in jenen Staaten, die um Hilfe beim ESM angesucht hatten unterstütze, andererseits deren Auswirkungen auf die Wirtschaft unterschätze. Die von der EZB gewünschte und mittels Anleihen-Kauf-Programmen unterstützte Ankurbelung der Wirtschaft konnte in den Krisenstaaten bedingt durch die Austeritätspolitik des ESM nicht erfolgen. Diese These soll vor allem im dritten Kapitel der Arbeit genauer ausgebreitet werden.

2.3.1. Konflikte um eigenwilliges Handeln der EZB

Um das Handeln der EZB gibt es kontroverse Meinungen. Manche sehen eine zu abwartende Haltung bei der Senkung des Leitzinses, manche sprechen der EZB das Recht ab, Staatsanleihen zu kaufen, weil es sich dadurch um die direkte Finanzierung von Staaten handle, die der EZB eigentlich verboten sei. Gerade die deutsche Politik und Öffentlichkeit steht der expansiven Geldpolitik der EZB kritisch gegenüber, was sich zuletzt in einem Urteil des deutschen Verfassungsgerichtshofes ausdrückte. Darin urteilt das Gericht, die EZB habe mit der Gestaltung ihrer Geldpolitik, insbesondere dem Anleihen-

Kauf-Programm PSPP, im Zuge der Krise ihr Mandat missbraucht und Kompetenzen überschritten (ZEIT ONLINE 2020). Die EZB argumentierte wiederum mit alternativlosem Handeln zur Gewährleistung der Preisstabilität in der Eurozone:

> „The ECB has a clear mandate: maintaining price stability. This programme will help to bring inflation back to levels in line with the ECB's objective. But it will also help businesses across Europe to enjoy better access to credit, boost investment, create jobs and thus support overall economic growth, which is a precondition for inflation to return to and stabilise at levels close to 2%. Subject to price stability, these are also important objectives to which the ECB contributes in line with the Treaty" (EZB 2020b).

3. Auswirkungen europäischer Krisenpolitik

Busch et al. (2012) resümieren in ihrem Beitrag über die Auswirkungen der Austeritätspolitik in Südeuropa, dass die Arbeitslosigkeit sowie die öffentliche Verschuldung in jenen Ländern, die mit einem drastischen Sparprogramm auf die Krise reagierten, am stärksten angestiegen sei.

> „Die Politik des harten Sparens, mit der die offizielle Politik die Eurokrise überwinden will, hat Europa 2012 erneut in eine Rezession gestürzt. Die Austeritätspolitik erweist sich in Griechenland, Italien, Portugal und Spanien (GIPS) vor allem als ein Angriff auf die Löhne, die Sozialleistungen und das öffentliche Eigentum" (Busch et al. 2012, S.1)

In diesem Kapitel soll deshalb der Frage nachgegangen werden, wie sich die strikten Sparauflagen des ESM auf die Wirtschaft in den betroffenen Staaten auswirkten? Die Hypothese ist, dass sich der ESM als zu starkes Hemmnis erwies und die negativen Begleiterscheinungen der Sparpolitik die Krise lediglich verstärkten. An den Faktoren: Löhne, Renten und Privatisierungen soll zunächst die Vorgehensweise der Sparpolitik anhand von Beispielen veranschaulicht werden. Im Anschluss daran soll versucht werden, mittels Datenmaterial, die negative wirtschaftliche Entwicklung der betroffenen Länder auf die Sparpolitik zurück zu führen.

3.1. Umsetzung der Sparpolitik

Busch et al. (2012) konnten zeigen, dass sich die Umsetzung der Sparpolitik vor allem in den Bereichen Löhne, Renten und Privatisierungen vollzog. In allen Staaten, die Hilfe beim ESM angesucht hatten, erfolgte eine Liberalisierung der Tarifvertragssysteme, der Abbau von Reallöhnen, die Umgestaltung der Rentensysteme und die Privatisierung öffentlicher Dienstleistungen (Busch et al. 2012, S.28)

3.1.1. Löhne

> „Neben der grundlegenden Veränderung der Tarifvertragssysteme haben zahlreiche europäische Staaten im Zuge der Austeritätspolitik auch direkt in die Entwicklung der Löhne eingegriffen. Dabei boten sich ihnen prinzipiell drei Ansatzpunkte: die Löhne im öffentlichen Sektor, die gesetzlichen Mindestlöhne, der direkte Eingriff in bestehende Tarifverträge" (Busch et al. S.12).

Die EU entwickelte im Verlauf der Eurokrise eine neue Form des lohnpolitischen Interventionismus, der zu sehr weitreichenden Eingriffen in die Tarifsysteme der GIPS-Staaten geführt hat. Die Prinzipien des Flächentarifvertrags und der Allgemeinverbindlichkeit sind unterminiert und die Tarifvertragssysteme dezentralisiert worden (Busch et al. S.27). Mit der Schwächung der Gewerkschaften bei den Lohnverhandlungen konnten auch Lohnkürzungen im privaten Sektor realisiert werden. Im staatlichen Sektor sind im Zuge der Austeritätspolitik die Löhne eingefroren oder gekürzt worden. Griechenland (minus 20 Prozent) und Portugal (minus 10 Prozent) sind von 2010 bis 2012 die Spitzenreiter beim gesamtwirtschaftlichen Abbau der Reallöhne in der EU. Auch Spanien (minus 5,9 Prozent) und Italien (minus 2,6 Prozent) verzeichnen in diesem Zeitraum überdurchschnittliche Reallohneinbußen (ebd.).

3.1.2. Renten

2010 beschloss das griechische Parlament, das Rentenalter bis 2013 für Männer und Frauen anzugleichen und bis 2021 von 60 auf 65 Jahre anzuheben. Für eine ungekürzte Rente werden künftig 40 statt 35 Versicherungsjahre erforderlich sein, und die Renten werden auf Grundlage der gesamten Erwerbskarriere und nicht mehr der besten fünf aus den letzten zehn Versicherungsjahren bemessen (Busch et al. S.19). Besonders letzteres wird sich negativ für jene auswirken, die prekäre Erwerbsbiografien aufweisen.

3.1.3. Privatisierungen

In Griechenland und Portugal wurde die Gewährung von Krediten aus dem ESM an umfangreiche Privatisierungen gebunden. Spanien und Italien haben auf Druck der EZB und internationaler Institutionen weitreichende Privatisierungen angekündigt (Busch et al. S. 24). Ohne dafür einen empirischen Beweis erbringen zu können, behauptet die Kommission, dass ein kleiner staatlicher Sektor und privatisierte öffentliche Dienstleistungen die Wettbewerbsfähigkeit eines Landes erhöhen (ebd.). Mit anderen Worten: Die betroffenen Länder werden aus ideologischen Gründen gezwungen, Staatseigentum an private Investoren zu verkaufen. Nicht zufällig kommen einige der Investoren genau aus jenen Ländern, die maßgebend bei der Formulierung der Bedingungen für die Kredite beteiligt waren (ebd.).

Ein umfangreicher Staatssektor und öffentliche Dienstleistungen zählen zu den zentralen Merkmalen des Europäischen Sozialmodells (Busch et al. 2012). Mit den geplanten Privatisierungen in Südeuropa wird das Sozialmodell beschädigt oder gar demontiert. In den betroffenen Ländern bleiben auf diese Weise die Möglichkeiten einer aktiven Wirtschafts-, Struktur- und Sozialpolitik nachhaltig eingeschränkt (Busch et al. S.26).

3.2. Auswirkungen der Sparpolitik

Krugman (2012) befand, dass die EU nach 2008 zu rasch in den Sparmodus umschaltete und so im Jahr 2012 den nächsten wirtschaftlichen Einbruch produzierte. Abbildung 7 zeigt die Entwicklung des Wirtschaftswachstums und der Arbeitslosigkeit in der EU:

WIRTSCHAFTSWACHSTUM ARBEITSLOSENQUOTEN

Veränderung des realen BIP (in %) [1]

Land	Durchschnitt 2000-2009	Durchschnitt 2010-2014
Belgien	1,8	1,5
Deutschland	0,7	2,2
Estland	4,2	3,5
Finnland	2,0	0,6
Frankreich	1,4	1,2
Griechenland	2,7	- 4,9
Irland	3,6	2,4
Italien	0,5	- 0,5
Lettland	4,8	2,0
Litauen	4,6	3,7
Luxemburg	3,0	3,0
Malta	2,3	4,2
Niederlande	1,7	0,6
Österreich	1,7	1,2
Portugal	0,9	- 0,9
Slowakei	4,5	2,8
Slowenien	3,0	0,3
Spanien	2,6	- 0,7
Zypern	3,7	- 1,9

Arbeitslose in % der Erwerbspersonen [1]

Land	Durchschnitt 2000-2009	Durchschnitt 2010-2014
Belgien	7,7	8,0
Deutschland	9,1	5,7
Estland	9,7	11,0
Finnland	8,3	8,2
Frankreich	8,4	9,8
Griechenland	9,8	21,8
Irland	5,7	14,2
Italien	8,1	10,5
Lettland	11,2	14,7
Litauen	10,9	13,8
Luxemburg	4,0	5,2
Malta	6,8	6,3
Niederlande	4,0	6,1
Österreich	4,6	5,1
Portugal	6,7	14,0
Slowakei	15,5	13,9
Slowenien	6,0	8,8
Spanien	11,4	23,3
Zypern	4,4	11,6

Abbildung 7: Wirtschaftswachstum und Arbeitslosigkeit in der EU. (Quelle: WKO)

Es ist zu sehen, dass das jährliche Wirtschaftswachstum in den Jahren von 2010 – 2014 in jenen Staaten, die stark von der Krise betroffen waren und deshalb Hilfe beim ESM beantragt haben, negativ ausfiel. In Griechenland war die Rezession am stärksten, das jährliche Minus betrug im Durchschnitt 4,9%. Die Daten der Arbeitslosenquoten zeigen ein dazu passendes Bild. Jene Staaten, die Hilfe beim ESM beantragt haben, verzeichnen die höchste Arbeitslosigkeit. Oder anders ausgedrückt: jene Staaten mit negativem Wirtschaftswachstum zwischen 2010 und 2014 verzeichnen die höchste Arbeitslosigkeit. Die durchschnittliche Arbeitslosenquote in den Jahren von 2010 – 2014 betrug in Griechenland 21,8%, jene in Spanien lag bei 23,3%. Die Zahlen der Jugendarbeitslosigkeit fallen noch verheerender aus. Die Jugendarbeitslosigkeit im Jahr 2014 betrug in Griechenland 52,4%, jene in Spanien lag bei 53,2% (WKO 2020). Manche sprechen in diesem Zusammenhang bereits von einer „verlorenen Generation" (Engelen-Kefer 2013).

In Abbildung 8 wird nun die Lupe auf Griechenland und Deutschland gelegt:

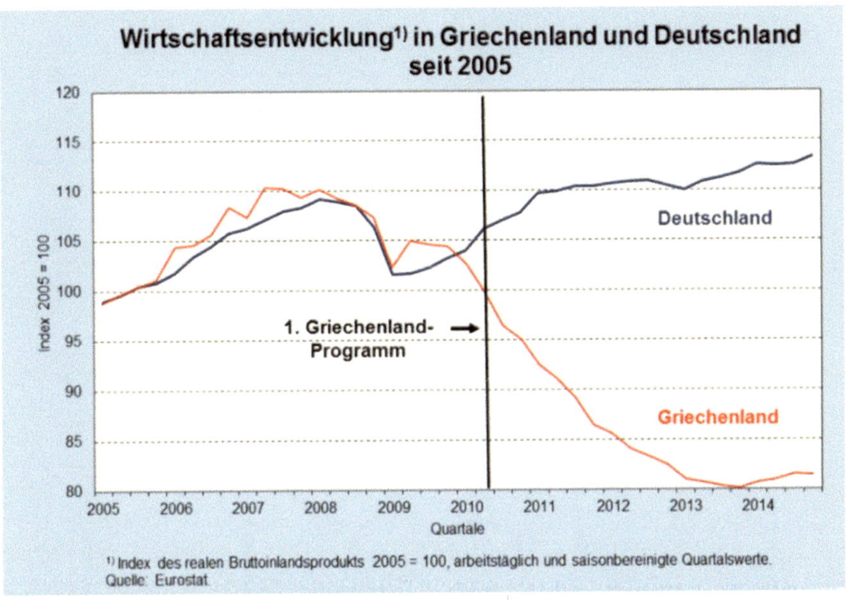

Abbildung 8: Wirtschaftsentwicklung in Griechenland und Deutschland im Vergleich. (Quelle: Flassbeck 2015)

Es ist zu sehen, dass die wirtschaftliche Entwicklung der beiden Länder nach dem Jahr 2010 stark divergiert. Während Deutschland gemäß der Entwicklung des Bruttoinlandsprodukts ein leicht positives Wachstum verzeichnet, fällt die griechische Wirtschaft stark ab.

„Für Deutschland kam es dann im Frühjahr 2009 zu einer schnellen konjunkturellen Wende, weil die Gesamtnachfrage durch eine Vielzahl von anregenden Maßnahmen des Staates (unter anderem durch die Abwrackprämie) gestützt wurde. Griechenland dagegen, das schon ein sehr hohes staatliches Defizit, hohe öffentliche Schulden und große Leistungsbilanzdefizite aufwies, geriet tiefer in den Strudel der Krise. Der Staat steuerte anders als in Deutschland nicht mit Konjunkturprogrammen gegen und die griechische Wirtschaftsleistung fiel weiter ab" (Flassbeck 2015).

Flassbeck (ebd.) macht die durch den ESM und TROIKA aufgezwungene Sparpolitik hauptverantwortlich für die negative Entwicklung Griechenlands. Er argumentiert keynesianisch, wonach fehlende staatliche Investitionen, sinkende Löhne und hohe Arbeitslosigkeit die Binnennachfrage zum Erliegen gebracht haben und sich eine dauerhafte Strukturschwäche ausbreiten konnte (ebd.).

In Abbildung 9 wird nun die Entwicklung der öffentlichen Investitionen in der EU angeführt:

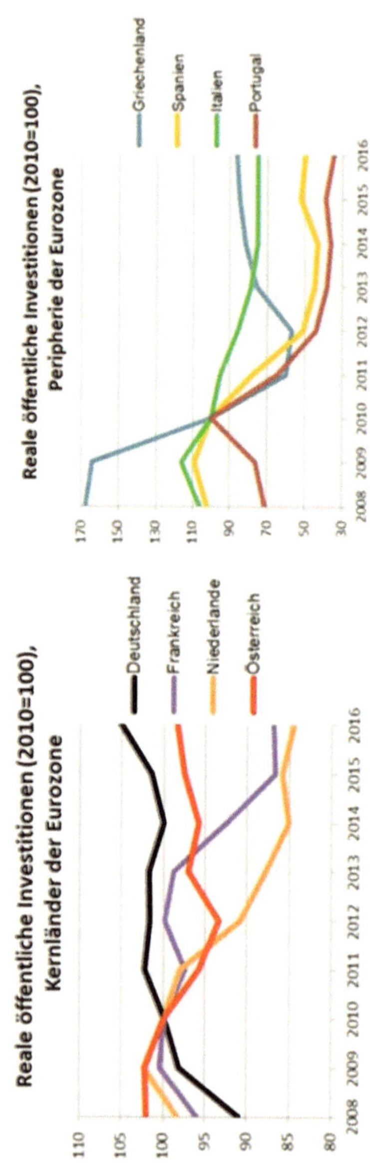

Abbildung 9: Vergleich der öffentlichen Investitionen in der EU. (Quelle: Heimberger 2016)

Es ist zu sehen, dass die Sparpolitik der letzten Jahre in weiten Teilen Europas zu einem scharfen Rückgang der öffentlichen Investitionen führte.

> „Die Wende zur Austeritätspolitik, welche die wirtschaftspolitischen EntscheidungsträgerInnen in der Eurozone in den Jahren 2010/2011 vollzogen, hat tiefe Spuren bei den öffentlichen Investitionen hinterlassen: Die staatlichen Ausgabenkürzungen trafen in besonderem Maße investive Ausgaben für Infrastruktur. Die Abbildung illustriert, dass die Peripherieländer der Eurozone, die in den letzten Jahren dem stärksten Spardruck ausgesetzt waren, den markantesten Rückgang der realen (preisbereinigten) öffentlichen Investitionen verzeichneten. In Griechenland betrugen die zwischen 2010 und 2016 vorgenommenen Kürzungen 13,5%, in Italien 24,6%, in Spanien 50,4% und in Portugal sogar 65,3%" (Heimberger 2016).

Auch Heimberger (2016) argumentiert keynesianisch und macht fehlende Nachfrage durch ausbleibende Investitionen zum Problem. Fehlende öffentliche Investitionen in der Krise hätten zu einem Klima geführt, in dem auch private Unternehmen weniger investierten. Er verweist in diesem Zusammenhang auf Studien, wonach eine Reduktion der öffentlichen Investitionen um 1% des BIP zu einem Rückgang des BIP von mehr als einem 1% führe (De Grauwe/Ji 2013).

Nun stellt sich die Frage, ob sich die Austeritätspolitik als ungeeignetes Instrument erwies, der Krise zu begegnen. De Grauwe/Ji (2013) untersuchten den Einfluss von Austerität auf wirtschaftliche Kennzahlen verschiedener Staaten. Es galt ihnen die These zu widerlegen, dass Austerität ein notwendiges Übel der Krisenpolitik sei, um die Budgetsituation wieder zu normalisieren und die Verschuldung zu reduzieren. Abbildung 10 zeigt in diesem Zusammenhang den Einfluss von Austerität auf das Wirtschaftswachstum sowie die Schuldenquote von EU Staaten:

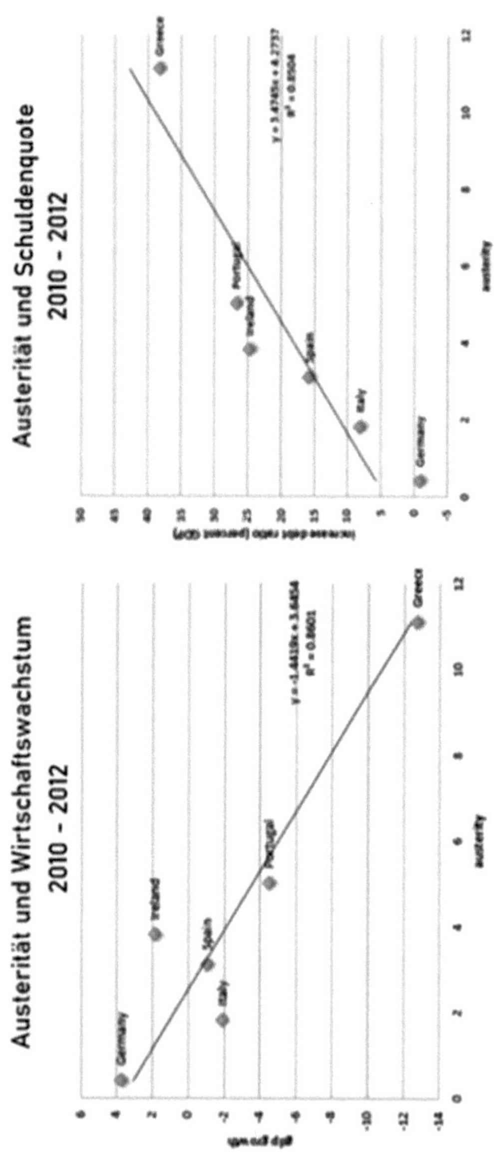

Abbildung 10: Einfluss von Austerität auf Wirtschaftswachstum und Schuldenquote. (Quelle: De Grauwe/Ji 2013)

Es ist zu sehen, dass Staaten, die die stärksten austeritären Maßnahmen ergriffen, das niedrigste Wirtschaftswachstum aufwiesen. Weiter ist zu sehen, dass Staaten, die die stärksten austeritären Maßnahmen ergriffen, den höchsten Anstieg der Schuldenquote im Verhältnis zum BIP aufwiesen. Dies wird mit fehlenden Einnahmen im Zuge einer wirtschaftlichen Rezession erklärt (ebd.). Das Rezept der Austerität als Maßnahme zur Krisenbewältigung habe demnach nicht funktioniert (ebd.). Zu diesem Schluss kommt auch der Internationale Währungsfonds IWF, der, wie Heimberger (2014b) aufzeigt, seine eigene Empfehlung von Budgetkonsolidierungsmaßnahmen durch Staatsausgabenkürzung aus dem Jahr 2010, mittlerweile als folgenschweren Fehler einstuft.

4. Alternativkonzepte zur Krisenbewältigung und einer zukünftigen europäischen Wirtschaftspolitik

In diesem Kapitel sollen Alternativkonzepte zur Stärkung der Wirtschaft der EU vorgestellt werden. Dabei handelt es sich nicht um fertige, auf Evidenz basierende Konzepte, sondern um Ideenanstöße mancher, dem Keynesianismus nahestehender Ökonomen. Die Vorschläge, wie die zukünftige Wirtschaftspolitik der EU aussehen soll beinhalten:

- eine europäische Strategie für qualitatives Wachstum und den Abbau der Arbeitslosigkeit,
- ein gemeinsames europäisches Schuldenmanagement (Eurobonds),
- eine europaweite Koordinierung der Lohn-, Sozial und Steuerpolitiken, bis hin zu einer
- supranationalen europäischen Wirtschaftsregierung. (Busch et al. S.32)

Im ersten Kapitel dieser Arbeit wurde die Krise als Produkt mehrerer Ursachen beschrieben: Zu hohe Verschuldung und die Abhängigkeit vom Finanzmarkt, ungleiche Wettbewerbsfähigkeit innerhalb der Währungsunion und ein Auseinanderdriften der Leistungsbilanzen sowie eine zentralistische Geldpolitik, die nicht den tatsächlichen Bedürfnissen der einzelnen Staaten entsprach. In den weiteren Kapiteln sollte gezeigt werden, dass eine allzu rigorose Sparpolitik die Krise in den betreffenden Staaten noch zusätzlich verschärfte.

Dieses Alternativkonzept versteht sich als Lösungsansatz für die angeführten Probleme und ist auf der Basis der Auffassung zu verstehen, dass qualitatives Wachstum und Beschäftigung, sowie die dauerhafte Reduzierung der Staatsschulden, nicht durch Sparen, sondern durch Wachstum erzielt werde (Schulmeister 2012). Marterbauer und Feigl (2012, S.3) erteilen der Sparpolitik zur Schuldenreduktion ebenso eine Absage und stellen fest:

> „Das Finanzierungsdefizit des Staates kann nur dann verringert werden, wenn gleichzeitig – der Unternehmenssektor die kreditfinanzierten Investitionen ausweitet, sich also stärker verschuldet; – das Ausland mehr importiert, sich also stärker verschuldet; – die privaten Haushalte mehr konsumieren, also weniger sparen".

Was die einzelnen Ansätze gemeinsam haben ist, dass sie die Nationalstaaten in ihrer Souveränität und ihren Kompetenzen beschneiden und die europäische Integration im Wirtschafts- und Sozialbereich massiv vorantreiben würden. Ebenso würde die Realisierung mancher Vorschläge eine Änderung von EU- Verträgen voraussetzen.

4.1. Eurobonds

Bis jetzt wird in der EU, im Gegensatz zur USA, keine gemeinsame Staatsfinanzierung betrieben und jeder Staat gibt eigene Anleihen heraus. Eurobonds einzuführen heißt, dass die Euro-Staaten gemeinsame Anleihen zur Staatsfinanzierung ausgeben und dafür auch gemeinsam haften (Hubmann 2013). Eurobonds haben das Ziel, das durchschnittliche Zinsniveau auf Staatsanleihen zu senken (ebd.).

Ein wesentlicher Faktor für die Vertiefung der Krise war die in Kapitel 1 beschriebene Abhängigkeit der Staaten vom Finanzmarkt. Die gemeinsame Haftung stärke die Position der Staaten gegenüber dem Finanzmarkt und könne so die Refinanzierungskosten von stark in die Krise gekommenen Staaten senken. Durch geringere Refinanzierungskosten könnten diese Staaten einer Rezession besser entgegenwirken (ebd.). Zur Diskussion stehen unterschiedliche Konzepte für Eurobonds, die sich bezüglich der Haftung und des Verteilungsmechanismus unterscheiden (ebd.).

4.2. Koordination der europäischen Wirtschaftspolitik

Die Koordination der europäischen Wirtschaftspolitik ist nach Hubmann (2013) eine Prämisse für den gemeinsamen europäischen Wirtschaftsraum. Gefordert wird eine engere wirtschaftspolitische Abstimmung innerhalb der EU, um ökonomische Ungleichgewichte auszugleichen.

> „Nur so kann in der Eurozone internes Lohndumping sowie ungleiche Verschiebungen in der Wettbewerbsfähigkeit vermieden und damit der Fokus auf eine gemeinsame Steigerung der Produktivität gerichtet werden. Es geht um die Koordinierung der Lohn-, Geld- und Fiskalpolitik" (Hubmann 2013).

Makroökonomische Ungleichgewichte sind nach Materbauer (2011) und Flassbeck (2012) eine Hauptursache der Eurokrise und drücken sich am deutlichsten in den in Kapitel 1 beschriebenen, divergierenden Leistungsbilanzsalden der Staaten aus. Hubmann (2013) plädiert deshalb für einen EU-weiten Mechanismus, der Ungleichheiten in Form von Nettoüberschüssen und Nettodefiziten gleichsam sanktioniere und somit zu einer ausgeglichenen Handelspolitik anrege. Busch et al. (2012) halten die Einführung europäischer Koordinationsregeln für notwendig, um Prozesse des Lohn-, Sozial- und Steuerdumpings zu unterbinden und somit Ungleichgewichte in den Leistungsbilanzen abzubauen.

4.2.1. Lohnpolitik

Nach Hubmann (2013) und Flassbeck (2012) liegt das Problem der divergierenden Wettbewerbsfähigkeit innerhalb der EU an der unterschiedlichen Entwicklung der Lohnstückkosten, die wiederum zu unterschiedlichen Inflationsraten führte. Wie in Kapitel 2 zu sehen ist, unterboten Staaten wie Deutschland die Zielinflationsrate von 2% deutlich, während vor allem südeuropäische Staaten diese Marke übertrafen. Flassbeck (2012, S.26ff.) plädiert vor diesem Hintergrund für eine koordinierte Lohnpolitik innerhalb der EU, weil die Inflationsrate wesentlich von der Lohnentwicklung mitbestimmt wird.

Der bisher von EU und TROIKA vertretene Ansatz, dem Konzept der inneren Abwertung folgend, war, die Löhne der Krisenstaaten stark zu kürzen um deren Wettbewerbsfähigkeit zu erhöhen. Bezugnehmend auf Marterbauer und Feigel (2012) fordert Hubmann (2013) deshalb, dass im Zuge einer koordinierten Lohnpolitik

> „dann vor allem, [...] in Ländern wie Deutschland oder Österreich die realen Lohnsteigerungen über der Produktivitätsrate liegen müssen, weil in Südeuropa die Löhne ohnehin schon stark gekürzt werden. Das würde den Exportsektoren der südlichen Länder helfen und könnte die Negativspirale aus sinkender Inlandsnachfrage auf Grund von Lohnkürzungen verbunden mit schwachen Exporten und einer rigiden staatlichen Sparpolitik, in der die südeuropäischen Länder stecken, stoppen."

4.2.2. Geld und Fiskalpolitik

Gemeinsame Geld und Fiskalpolitik meint, dass EU Staaten sich auch hinsichtlich ihrer Steuerpolitik vertiefend koordinieren sollen (Hubmann 2013). Hierbei geht es um das äußerst sensible Thema einer „umverteilenden Steuerpolitik" (ebd.). Um den Wettbewerb des „Steuerdumpings innerhalb der EU" zu unterbinden, sollen Mindestsätze für Unternehmens-, Einkommens- und Vermögensbesteuerungen festgelegt werden (ebd.). Zudem solle sich die Geldpolitik der EZB im Euroraum mehr daran orientieren, „die nationalen Abweichungen von der Zielinflationsrate zu minimieren, statt die Zielinflation wie bisher nur im Durchschnitt anzuvisieren" (ebd.).

5. Ausblick - Corona

Diese Arbeit wurde im dem Zeitraum erstellt, als die Corona- Krise sich auszubreiten begann. Leider konnte das Thema Corona aus Zeitgründen nicht in diese Arbeit einfließen. Dem Autor ist bewusst, dass die jetzige Situation nicht mit der Krise aus den 2010er- Jahren vergleichbar ist, weil die Voraussetzungen und Ursachen Andere sind. Europa steht jedoch abermals vor einer neuen Krise, die es zu bewältigen gibt. Wieder gilt es, die Richtige Antwort auf eine Krise zu finden und wieder tut sich ein Spannungsfeld verschiedener Meinungen darüber auf. Wieder steht Europa vor einer tiefen Rezession und drohender Massenarbeitslosigkeit.

Nun gilt es, aus der Krise von 2008 zu lernen und den politischen, wirtschaftlichen und akademischen Diskurs, der sich mit ihrer Aufarbeitung befasst(e), als Lernvorlage für derzeitige Aufgaben zu verwenden. Eurobonds werden in Form von *Coronabonds* neu diskutiert und es stehen gewaltige Konjunkturprogramme im Raum (EU 2020 - Next Generation EU). Die Stimmung liegt zwischen zweckoptimistischem „koste es was es wolle" und Sorgen darüber, wie das Alles jemals zu bezahlen sei.

Der Autor vertritt die Hoffnung, dass dieses Mal nicht eine konkurrenzbetonte Mentalität des Sparens Oberhand gewinnt und mutige Lösungen gefunden werden, die die europäische Integration nicht spalten, sondern vorantreiben.

Literatur

BMF – Bundesfinanzministerium Deutschland (2020): Fragen und Antworten zum Europäischen Stabilitätsmechanismus (ESM), URL: https://www.bundesfinanzministerium.de/Content/DE/FAQ/2012-08-16-esm-faq.html

Brinkbäumer, K.; Goos, H.; Hornig,F.; Ludwig, U.; Pauly, C.; (2009): Gorillas Spiel, In: Der Spiegel, 09.03.2009, URL: https://www.spiegel.de/spiegel/print/d-64497194.html

Blyth, M. (2014): Wie Europa sich kaputtspart – Die gescheiterte Idee der Austeritätspolitik, Berlin.

Bofinger, P. (2009): Ist der Markt noch zu retten? Warum wir jetzt einen starken Staat brauchen, Berlin.

Bundeszentrale für politische Bildung (BPB) (Hg.) (2019): Debatte Europäische Schuldenkrise, URL: https://www.bpb.de/politik/wirtschaft/schuldenkrise/

Busch, K.; Hermann, C.; Hinrichs, K.; Schulten, T. (2012): Eurokrise, Austeritätspolitik und das Europäische Sozialmodell, URL: http://library.fes.de/pdf-files/id/ipa/09444.pdf

Draghi, M. (2012): Rede auf der Global Investment Conference in London, URL: https://www.ecb.europa.eu/press/key/date/2012/html/sp120726.en.html

De Grauwe, P. Ji, Y. (2013): Panic-driven austerity in the Eurozone and its implications, URL: https://voxeu.org/article/panic-driven-austerity-eurozone-and-its-implications

Engelen-Kefer, U. (2013): Eine verlorene Generation?: Jugendarbeitslosigkeit In Europa, Berlin.

Bundesfinanzministerium (BRD): Europäischer Stabilitätsmechanismus (ESM), URL: https://www.bundesfinanzministerium.de/Web/DE/Themen/Europa/Stabilisierung_des_Euroraums/Stabilitaetsmechanismen/EU_Stabilitaetsmechanismus_ESM/eu_stabilitaetsmechanismus_esm.html

Ergen, B. (2016): Das Mandat der EZB in der "Eurokrise": Vom OMT-Beschluss zum Quantitative Easing-Programm, In: Würzburger Online-Schriften zum Europarecht (6), URL: https://opus.bibliothek.uni-wuerzburg.de/opus4-wuerzburg/frontdoor/deliver/index/docId/13708/file/Ergen Berlvan EZB Eurokrise OPUS 13708.pdf

ESM (2020): FAQ URL: https://www.esm.europa.eu/sites/default/files/2014-07-28 faq esm archived.pdf

EU (2014): BERICHT über die Untersuchung über die Rolle und die Tätigkeiten der Troika (EZB, Kommission und IWF) in Bezug auf Programmländer des Euroraums. URL: https://www.europarl.europa.eu/sides/getDoc.do?pubRef=-//EP//NONSGML+REPORT+A7-2014-0149+0+DOC+PDF+V0//DE

EU 2020 – Next Generation EU. URL: https://ec.europa.eu/commission/presscorner/detail/de/ip 20 940

EZB (2011): Die Geldpolitik der Europäischen Zentralbank. 3. Auflage. S. 67 – 115, URL: https://www.ecb.europa.eu/pub/pdf/other/monetarypolicy2011de.pdf?f5249956bbc90b5119e7 8a0ab2fec769

EZB (2012): Technical features of Outright Monetary Transactions, URL: https://www.ecb.europa.eu/press/pr/date/2012/html/pr120906 1.en.html

EZB (2020a): Asset purchase Programmes, URL: https://www.ecb.europa.eu/mopo/implement/omt/html/index.en.html

EZB (2020b): What is the expanded asset purchase programme? URL: https://www.ecb.europa.eu/explainers/tell-me-more/html/asset-purchase.en.html

Flassbeck, Heiner (2015): Griechenland war auf gutem Weg? URL: https://awblog.at/flassbeck-griechenland/

Flassbeck, H. (2012): Zehn Mythen der Krise, Berlin.

Hecht, D.; Müller, E. (2009): Von der Finanz zur Wirtschaftskrise In: Politik betrifft uns, 3/2009, Bergmoser + Höller Verlag AG

Heimberger, P. (2014): „Innere Abwertung" in Südeuropa: Erwartungen, Ergebnisse und Folgen. In: Wirtschaft und Gesellschaft, Heft 2, 40. Jg. Wien, S. 1 – 28.

Heimberger, P. (2014b): Austeritätspolitik als folgenschwerer Fehler: Bemerkenswertes Eingeständnis des Internationalen Währungsfonds, URL: https://awblog.at/iwf-austeritaetsfehler-eingestaendnis/

Hubmann, G. (2013): Die Krise Lösen. URL: https://www.diekriseloesen.net/

Hubmann, G. (2013): Die Krise verstehen. URL: https://jbi.or.at/wp-content/uploads/2015/01/Die-Krise-verstehen_Volltext.pdf

Illing, F. (2013): Die Euro-Krise. Analyse der europäischen Strukturkrise, Wiesbaden.

Kearns, J. (2014): The Fed Eases Off: Tapering to the End of a Gigantic Stimulus, In: Bloombergview.com, 7. November 2014, URL: https://www.bloomberg.com/quicktake/federal-reserve-quantitative-easing-tape

Krugman, Paul (2012): Wir sparen uns zu Tode, in: Blätter für deutsche und internationale Politik, Nr. 6/2012, 45–54. Berlin.

Marterbauer, M. (2011): Zahlen Bitte!, Wien.

Marterbauer, M. / Feigl, G. (2012): Die EU-Fiskalpolitik braucht gesamtwirtschaftlichen Fokus und höhere Einnahmen, Abteilung Wirtschafts- und Sozialpolitik der Friedrich-Ebert-Stiftung, URL: https://library.fes.de/pdf-files/wiso/09284.pdf

Österreichische Nationalbank (2015): Statistik Renditen langfristiger staatlicher Schuldverschreibungen, URL: https://www.oenb.at/isaweb/report.do;jsessionid=6F11BBE394EDD8C69511540C9B30C6FF?report=10.6

Österreichisches Parlament (2020): Glossar: Fiskalpakt URL: https://www.parlament.gv.at/PERK/GL/EU/F.shtml

Sapir, A./Wolff, G./Souse, C./Terzi, A. (2014): The Troika and financial assistance in the euro area: successes and failures. Brüssel: Economic Governance Support Unit. S. 9 – 87. URL: http://www.guntramwolff.net/wp-content/uploads/2015/05/The-Troika-and-financial-assistance-in-the-euro-area-successes-and-failures-English.pdf

Scharpf, F. (2011): Die Eurokrise: Ursachen und Folgerungen. In: Zeitschrift für Staats- und Europawissenschaften. Heft 3, 9. Jg. Baden Baden: Nomos. S. 324 – 337.

Schöneberg, K. (2015): Sparen oder Investieren? Der Streit um Europas Rettung, In: Bundeszentrale für politische Bildung (BPB) (Hg.) (2019): Debatte Europäische Schuldenkrise, S.8 URL: https://www.bpb.de/politik/wirtschaft/schuldenkrise/

Schulmeister, Stephan (2012): Ein New Deal für Europa – Überwindung der großen Krise und Erneuerung des Europäischen Sozialmodells, Friedrich-Ebert-Stiftung, Perspektive, Juni 2012. Berlin.

Schulmeister, S. (2014): Der Fiskalpakt – Hauptkomponente einer Systemkrise. WIFO-Working Papers 480/2014, URL: https://www.wifo.ac.at/jart/prj3/wifo/resources/person_dokument/person_dokument.jart?publikationsid=47515&mime_type=application/pdf

Schumann, H. (2015): Die Troika: Macht ohne Kontrolle, In: Der Tagesspiegel, 24.02.2015, URL: https://www.tagesspiegel.de/politik/eurokrise-die-troika-macht-ohne-kontrolle/11406286.html

Spiecker, F. (2012): Vortrag im Bruno Kreisky Forum, Wien. 21. Juni 2012.

Van Treeck, T. (2017): Die neoklassische Interpretation der Eurokrise, In: Bundeszentrale für politische Bildung (BPB) (Hg.) (2019): Debatte Europäische Schuldenkrise, S.212 URL: https://www.bpb.de/politik/wirtschaft/schuldenkrise/

Van Treeck, T. (2017): Die keynesianische Interpretation der Eurokrise, In: Bundeszentrale für politische Bildung (BPB) (Hg.) (2019): Debatte Europäische Schuldenkrise, S.214 URL: https://www.bpb.de/politik/wirtschaft/schuldenkrise/

Wirtschaftskammer Österreich (2015): Statistik Leistungsbilanzsalden. URL: http://wko.at/statistik/eu/europa-leistungsbilanzsalden.pdf

ZEIT ONLINE (2020): Kauf von Staatsanleihen durch EZB teils verfassungswidrig, 05.05.2020, URL: https://www.zeit.de/wirtschaft/2020-05/bundesverfassungsgericht-ezb-anleiheprogramm-teils-verfassungswidrig

Abbildungen

https://awblog.at/flassbeck-griechenland/

https://awblog.at/mehr-oeffentliche-investitionen-sind-sinnvoll-und-erforderlich/

https://voxeu.org/article/panic-driven-austerity-eurozone-and-its-implications

BEI GRIN MACHT SICH IHR WISSEN BEZAHLT

- Wir veröffentlichen Ihre Hausarbeit,
  Bachelor- und Masterarbeit

- Ihr eigenes eBook und Buch -
  weltweit in allen wichtigen Shops

- Verdienen Sie an jedem Verkauf

Jetzt bei www.GRIN.com hochladen
und kostenlos publizieren